I0474760

GRAMATEMÁTICA

Leandro Bertoldo

GRAMATEMÁTICA
Leandro Bertoldo

Dedicatória

Dedico este livro a minha filha:
Beatriz Maciel Bertoldo

GRAMATEMÁTICA
Leandro Bertoldo

"A menos que possamos revestir nossas ideias de linguagem apropriada, de que vale nossa educação?" (**Conselhos Para Professores, Pais e Estudantes, 217**).

Ellen Gould White
Escritora, conferencista, conselheira, e educadora norte-americana.
(1827-1915)

GRAMATEMÁTICA
Leandro Bertoldo

Sumário

Cinefonética

2. Fluxo Fonético
3. Fluxo Silábico
4. Relação Entre Fluxo Fonético e Silábico
5. Fluxo Palavreado
6. Classificação Quântica dos Fonemas

Grafologia

2. Fluxo Gráfico
3. Densidade Gráfica
4. Intensidade Gráfica
5. Relações (I)
6. Relações (II)

Dados biográficos

Leandro Bertoldo é o primeiro filho do casal José Bertoldo Sobrinho e Anita Leandro Bezerra. Tem um irmão chamado Francisco Leandro Bertoldo. Os dois seguiram a carreira no judiciário paulista, incentivados pelo pai, que via algo de desejável na estabilidade do serviço público.

Leandro fez as faculdades de Física e de Direito na Universidade de Mogi das Cruzes – UMC. Seu interesse sempre crescente pela área das exatas vem desde os seus 17 anos, quando começou a escrever algumas teses sérias a respeito do assunto. Em 1995, publicou o seu primeiro livro de Física, que foi um grande sucesso entre os professores universitários. O seu comprometimento com o Direito é resultado de suas atividades junto ao Tribunal de Justiça do Estado de São Paulo.

Leandro casou-se duas vezes e teve uma linda filha do primeiro matrimônio chamada Beatriz Maciel Bertoldo. Sua segunda esposa Daisy Menezes Bertoldo tem sido sua grande companheira e amiga inseparável de todas as horas. Muitas de suas alegrias são proporcionadas pelos seus cachorros: Fofa, Pitucha, Calma e Mimo.

Durante sua carreira como cientista contabilizou centenas de artigos e dezenas de livros, todos defendendo teses originais em Física e Matemática, destacando-se: "Teoria Matemática e Mecânica do Dinamismo" (2002); "Teses da Física Clássica e Moderna" (2003); "Cálculo

GRAMATEMÁTICA
Leandro Bertoldo

Seguimental" (2005); "Artigos Matemáticos" (2006) e "Geometria Leandroniana" (2007), os quais estão sendo discutidos por vários grupos de pesquisas avançadas nas grandes universidades do país.

Prefácio

No período de 1978 a 1985 estive intensamente envolvido em vários programas de pesquisas científicas na área das ciências exatas e tecnológicas. Naquela época minha mente estava obcecada por tais assuntos e permanecia sempre em estado de alerta à procura algum padrão, analogia ou alguma simetria na natureza ou em qualquer outra coisa que pudesse ser representada por números. Ao analisar meticulosamente os conceitos gramaticais, notei pela primeira vez que eles apresentavam um padrão que poderia ser facilmente visualizado com o emprego de símbolos lógicos matemáticos. A ideia de simbolizar os conceitos gramaticais por algoritmos ocorreu-me no outono de 1984. Assim, naquele ano nasceu a "Gramática Simbólica", totalmente sistematizada. Os demais artigos deste livro foram produzidos esporadicamente durante o ano de 1993, todos alicerçados em conceitos matemáticos.

O livro é constituído por oito artigos, sendo que o principal é aquele intitulado por "Gramática Simbólica". Nele procuro analisar sistematicamente os símbolos lógicos dos sinônimos, antônimos, antonímia, homônimos etc. Devido à meticulosa pesquisa que realizei, consegui generalizar e unificar a Gramática em símbolos matemáticos claros e objetivos, o que me permitiu produzir algumas previsões teóricas.

Os assuntos apresentados nesta obra são inovadores e foram pautados sistematicamente numa lógica matemática de natureza objetiva a qualquer leitor médio.

É o meu sincero desejo que os assuntos aqui abordados possam ser de interesse duradouro para aqueles que estudam as línguas, e que os pesquisadores e estudiosos em geral possam tirar algum proveito inovador dos conceitos aqui apresentados.

leandrobertoldo@ig.com.br

Gramática Simbólica

O objetivo fundamental do presente artigo é o de introduzir na Gramática, alguns símbolos matemáticos lógicos, o que podem vir a facilitar o desenvolvimento da Teoria Linguística.

2. Grandezas

Defino as grandezas fundamentais da linguagem como sendo três, a saber:

a)   Significado (**s**)
b)   Letra (**l**)
c)   Som (**sm**)

O significado (**s**) é o objeto sujeito em questão. A letra (**l**) é o sinal gráfico que representa o som.

3. Simbolismo das Grandezas

Toda vez que se quiser representar uma definição de linguagem simbólica, deve-se lançar mão de determinadas convenções. Para exprimir a letra que pode representar qualquer palavra procurei caracterizá-las pelas letras (**X, Y, Z**). Desse modo (**X**) representa uma palavra e (**Y**) representa outra palavra; ou seja:

$$X \neq Y$$

Isto significa que a palavra (**X**) é diferente da palavra (**Y**).

Para representar o som da palavra (pronuncia), costumo empregar os símbolos do alfabeto grego, (α, β, γ, Δ).

Visando exprimir o significado das palavras em termos simbólico, procurei representá-los pelos símbolos das letras (quaisquer que sejam) acompanhados do índice numérico (**1, 2, 3,... n**).

4. Unidade Fundamental

A unidade fundamental completa da linguagem é traduzida por uma letra (**X**) com o significado (**1**), representando o som (α).

Simbolicamente, posso expressar a unidade fundamental da gramática simbólica nos seguintes termos:

$$X_1^{\alpha}$$

5. Sinônimos Simbólicos

Sinônimos (**S**) implicam ($\Rightarrow$) em palavras (**X, Y, Z... W**) de sentido (**1**) igual (**=**).

Simbolicamente posso escrever a referida definição nos seguintes termos:

$$S \Rightarrow X_1^{\alpha} = Y_1^{\beta}$$

Note que fazendo variar os termos do som das palavras (α, β), ou os termos da letra, têm-se teoricamente outras definições de sinônimos, a saber:

a) **Sinônimos Homofônicos**

Sinônimos Homofônicos (**SF**) implicam ($\Rightarrow$) em palavras (**X, Y, Z**...) de sentido (**1**) igual (**=**), mas que apresentam a mesma pronúncia (α).

Simbolicamente, o referido enunciado pode ser escrito nos seguintes termos:

$$SF \Rightarrow X_1^\alpha = Y_1^\alpha$$

b) **Sinônimos Homográficos**

Sinônimos Homográficos (**SG**) implicam ($\Rightarrow$) em palavras (**X**) de sentido (**1**) igual (**=**), mas que apresentam a mesma escrita (**X**), porém pronunciadas com sons (α, β) distintos.

O referido enunciado é expresso simbolicamente pela seguinte equação:

$$SG \Rightarrow X_1^\alpha = X_1^\beta$$

Naturalmente não posso variar a grandeza do significado (**1**), pois destruiria o próprio conceito da definição de sinônimo.

c) **Sinônimos Heterografônicos**

Sinônimos Heterografônicos (**SH**) implicam ($\Rightarrow$) em palavras (**X, Y, Z**...) de sentido (**1**) igual (**=**), mas que apresentam diferentes escritas (**X, Y, Z**...) e diferentes sons (α, β...).

Simbolicamente, posso escrever a seguinte sentença lógica simbólica:

$$SH \Rightarrow X_1^{\alpha} = Y_1^{\beta}$$

6. Antônimos Simbólicos

A definição de antônimos (**A**) implica que os mesmos referem-se às palavras de significação oposta. Simbolicamente posso expressar a referida definição nos seguintes termos matemáticos:

$$A \Rightarrow X_1^{\alpha} = -Y_2^{\beta}$$

O fundamental na definição de antônimos é que o significado (**1**) e (**2**) são diferentes e oposto. Desse modo, podem-se variar as grandezas (**l**) e (**sm**). Assim, apresento a definição teórica dos seguintes conceitos gramaticais:

a) *Antônimos Homofônicos*
Antônimos Homofônicos (**AF**) implicam ($\Rightarrow$) em palavras (**X, Y, Z**...) que apresentam a mesma pronúncia (α), embora tenham significados opostos.
Simbolicamente, posso estabelecer a seguinte equação lógica:

$$AF \Rightarrow X_1^{\alpha} = -Y_2^{\alpha}$$

b) *Antônimos Homográficos*
Antônimos Homográficos (**AG**) implicam ($\Rightarrow$) em palavras (**X, Y, Z**...) que apresentam a mesma escrita (**X**), pronúncia (α, β) diferentes, mas de significados opostos.

Simbolicamente, o referido enunciado é expresso pela seguinte igualdade:

$$AG \Rightarrow X_1^{\alpha} = -X_2^{\beta}$$

c) *Antônimos Heterografônicos*
Antônimos Heterografônicos (**AH**) são palavras (**X, Y, Z...**) de sentidos opostos que apresentam escritas e pronúncias distintas.
Dessa maneira, posso escrever simbolicamente a seguinte equação:

$$AH \Rightarrow X_1^{\alpha} = -Y_2^{\beta}$$

d) *Antônimos Homografônicos*
Antônimos Homografônicos (**AP**) são palavras de sentidos opostos que apresentam as mesmas escritas e pronúncias.
Simbolicamente, o referido enunciado é expresso pela seguinte igualdade lógica:

$$AP \Rightarrow X_1^{\alpha} = -X_2^{\alpha}$$

7. Antonímia Simbólica

A antonímia (**T**) origina-se de um prefixo de sentido oposto. Para definir a antonímia em termos matemáticos considero apenas um significado que apresenta natureza oposta e simétrica.
Simbolicamente, posso escrever que:

$$T \Rightarrow X_1^{\alpha} = -Y_1^{\beta}$$

A antonímia refere-se ao mesmo significado, porém de natureza oposta.

Naturalmente posso obter algumas classificações gramaticais teóricas de antonímia, fazendo variar as grandezas (**l**) e (**sm**). Destarte, passo a apresentar as seguintes definições lógicas:

a) *Antonímia Homofônicas*
    Antonímia Homofônica (TF) pode ser expressa simbolicamente por:

$$TF \Rightarrow X_1^{\alpha} = -Y_1^{\alpha}$$

b) *Antonímia Homográficas*
    Antonímia homográfica (**TG**) é expressa simbolicamente pela seguinte igualdade:

$$TG \Rightarrow X_1^{\alpha} = -X_1^{\beta}$$

c) *Antonímia Heterografonicas*
    Antonímia heterografonicas (**TH**) é o conceito expresso pela seguinte equação:

$$TH \Rightarrow X_1^{\alpha} = -Y_1^{\beta}$$

d) *Antonímia Homografônicas*
    Antonímia Homografônicas (**TP**) é expressa pela seguinte expressão lógica:

$$TP \Rightarrow X_1^{\alpha} = -X_1^{\alpha}$$

8. Homônimos Simbólicos

Homônimos (**H**) implicam em palavras (**X, Y, Z...**) que apresentam a mesma pronúncia (α), porém com significados (**1, 2, 3...**) diferentes.

Simbolicamente, posso estabelecer a seguinte expressão lógica:

$$H \Rightarrow X_1{}^{\alpha} = Y_2{}^{\alpha}$$

Os homônimos podem ser classificados de acordo com as seguintes definições:

a) *Homógrafos Heterofônicos*

Homógrafos heterofônicos (**HF**), implicam ($\Rightarrow$) em homônimos que são iguais (=) na grafia (**X**) e deferentes no timbre ou na intensidade dos vogais (α, β).

Simbolicamente, posso expressar o referido enunciado na seguinte equação lógica:

$$HF \Rightarrow X_1{}^{\alpha} = X_2{}^{\beta}$$

b) *Homófonos Heterográficos*

Homófonos heterográficos (**HG**), implicam ($\Rightarrow$) em homônimos que são iguais (=) na pronúncia (α) e diferentes na grafia (**X, Y**).

Simbolicamente, posso escrever a seguinte sentença lógica simbólica:

$$HG \Rightarrow X_1{}^{\alpha} = Y_2{}^{\alpha}$$

c)   *Homófonos Homográficos*

Homófonos Homográficos (**HH**) implicam ($\Rightarrow$) em homônimos que são iguais na escrita (**X**) e na pronúncia (α).

Simbolicamente, posso escrever que:

$$HH \Rightarrow X_1{}^\alpha = X_2{}^\alpha$$

9. Parônimos Simbólicos

Parônimos (**p**) são palavras parecidas ($\cong$) na escrita (**X, Y, Z...**) e na pronúncia (α, β).

Simbolicamente, posso escrever a seguinte verdade:

$$p \Rightarrow X_1{}^\alpha \cong Y_2{}^\beta$$

10. Polissemia Simbólica

Polissemias (**M**) implicam ($\Rightarrow$) em palavras (**X**) que apresentam mais de uma significação (**1, 2, 3...**).

Simbolicamente, posso escrever que:

$$M \Rightarrow X_1{}^\alpha = X_2{}^\alpha = X_3{}^\alpha = ... = X_n{}^\alpha$$

11. Sentido Próprio e Figurado

As palavras podem ser empregadas no sentido próprio ou no sentido figurado. Em tal conceito modifica-se apenas o significado e depende do contexto.

Simbolicamente, posso escrever que:

$$SPF \Rightarrow X_1^\alpha = X_1^\alpha{}_{\to 2}$$

12. Formas Variantes (FV)

Existe na língua hodierna, um bom número de palavras que, ao lado da forma considerada normal, apresentam uma ou mais variantes. Na verdade são sinônimos, e são expressos pela seguinte igualdade:

$$FV = SH$$

Logo, posso escrever que:

$$FV \Rightarrow X_1^\alpha = Y_1^\beta$$

13. Ortoepia

A ortoepia ocupa-se da boa pronunciação das palavras, procurando eliminar as formas viciosas. Simbolicamente, posso escrever a seguinte sentença lógica:

$$O \Rightarrow X_1^\alpha = (X_1^\beta)$$

14. Concordância Simbólica Particular

Note a seguinte frase:

a) "(Fazenda Federal, Fazenda Estadual e Fazenda Municipal)".

Logicamente tal frase pode ser escrita da seguinte maneira:

b) "(Fazendas Federal, Estadual e Municipal)".

Em termos matemáticos, posso expressar a referida frase (**a**) da seguinte maneira:

$$XY + XV + XW$$

A referida expressão permite escrever matematicamente que:

$$X . (Y + V + W)$$

Observando a expressão (**b**) posso escrever a seguinte verdade:

$$X . (Y + V + W)$$

Sendo que tal expressão é idêntica a que foi deduzida exclusivamente através de regras matemáticas. Observe que a letra (**X**) caracteriza no exemplo acima, a palavra "Fazenda".

15. Grau Simbólico do Adjetivo

Grau Comparativo

O grau comparativo é classificado da seguinte forma:

a) O grau comparativo de igualdade (**G**) é expresso por:

$$G \Rightarrow \Delta_1 \; (=) \; \Delta_2$$

Tal expressão permite concluir que a qualidade (Δ) do significado (**1**) é igual (=) à qualidade (Δ) do significado (**2**).

b) O grau comparativo de inferioridade (**I**) é expresso por:

$$I \Rightarrow \Delta_1 \; (-) \; \Delta_2$$

A referida expressão permite afirmar que a qualidade (Δ) do significado (**1**) é menor (–) que a qualidade (Δ) do significado (**2**).

c) O grau comparativo de superioridade analítico (**SA**) é representado simbolicamente por:

$$SA \Rightarrow \Delta_1 \; (+) \; \Delta_2$$

Isto caracteriza que a qualidade (Δ) do significado (**1**) é mais (+) que a qualidade (Δ) do significado (**2**).

d) O grau comparativo de superioridade sintético (**SS**) é representado por:

$$SS \Rightarrow \Delta_1 \; (>) \; \Delta_2$$

Tal expressão permite afirmar que a qualidade (Δ) do significado (**1**) é maior (>) que a qualidade (Δ) do significado (**2**).

Grau Superlativo
O grau superlativo divide-se em:

a) Grau superlativo absoluto sintético (**GSS**), que pode ser expresso pela seguinte sentença lógica:

$$GSS \Rightarrow \Delta_1 \gg$$

Tal expressão explica que a qualidade (Δ) do significado (**1**) é maioríssimo (**>>**). Naturalmente tal expressão exprime uma superioridade representada por (**>>**). Desse modo, posso denominá-la por grau superlativo absoluto sintético de superioridade.

Evidentemente posso definir o grau superlativo absoluto sintético de inferioridade, que representarei simbolicamente por:

$$GSI \Rightarrow \Delta_1 \ll$$

A referida expressão permite afirmar que a qualidade (Δ) do significado (**1**) é menoríssimo.

b) Grau superlativo absoluto analítico (**GA**) é representado simbolicamente por:

$$GA \Rightarrow \Delta_1 M$$

Isto implica que a qualidade (Δ) do significado (**1**) é muita (**M**).

c) Grau superlativo relativo de inferioridade (**RI**), é caracterizado simbolicamente por:

$$RI \Rightarrow \Delta_1 (-) \Delta_n$$

Tal expressão permite afirmar que a qualidade (Δ) do significado (**1**) é menos (–) que a qualidade (Δ) de todos (**n**).

d) Grau superlativo relativo de superioridade analítico (**GSA**) é representado simbolicamente pela seguinte expressão:

$$GSA \Rightarrow \Delta_1 (+) \Delta_n$$

A referida expressão permite afirmar que a qualidade (Δ) do significado (**1**) é mais (+) que a qualidade (Δ) de todos (**n**) significados.

e) Grau superlativo de superioridade sintético (**GSR**), que representarei simbolicamente por:

$$GSR \Rightarrow \Delta_1 > \Delta_n$$

Tal expressão permite afirmar que a qualidade do significado (Δ) é maior (>) que a qualidade (Δ) de todos (**n**).

Também, costumo chamar tal definição por grau superlativo relativo de superioridade maior.

Logicamente, também posso definir o que denomino por grau superlativo relativo de superioridade menor, que represento simbolicamente por:

$$GST \Rightarrow \Delta_1 < \Delta_n$$

Sendo que tal expressão permite afirmar que a qualidade (Δ) do significado (**1**) é menor (**<**) que a qualidade (Δ) do todos (**n**) significados.

16. Composição por Justaposição Simbólica

A composição por justaposição consiste em unir duas ou mais palavras, sem lhes alterar a estrutura, caracterizando um novo significado. Simbolicamente, represento a palavra formada na composição por justaposição da seguinte forma:

$$V_3{}^\gamma = (X_1{}^\alpha, Y_2{}^\beta)$$

Naturalmente o som é representado por:

$$\gamma = \alpha + \beta$$

Substituindo convenientemente as duas últimas expressões, vem que:

$$V_3{}^{\alpha+\beta} = (X_1{}^\alpha, Y_2{}^\beta)$$

É também evidente que ao modificar a ordem do sistema de composição, também, modifica-se o resultado. Assim, posso concluir que:

$$W_4{}^\theta = (Y_2{}^\beta, X_1{}^\alpha)$$

Evidente, o som é representado por:

$$\theta = \beta + \alpha$$

Substituindo convenientemente as duas últimas expressões, vem que:

$$W_4^{\beta + \alpha} = (Y_2^{\beta}, X_1^{\alpha})$$

Das referidas expressões, concluí-se que:

a) $(\alpha + \beta) \neq (\beta + \alpha)$
b) $(X_1^{\alpha}, Y_2^{\beta}) \neq (X_2^{\beta}, Y_1^{\alpha})$
c) O que implicam em significados diferentes $(3 \neq 4)$.

17. Composição por Aglutinação Simbólica

A composição por aglutinação consiste em fundir ($\neq$) duas ou mais palavras, com a queda de um ou mais elementos fonéticos.

Simbolicamente, posso escrever que:

$$V_3^{\gamma} = (X_1^{\alpha} \neq Y_2^{\beta})$$

Tal conceito implica que:

$\gamma \neq \alpha + \beta$, ou aproximadamente ($\cong$) $\gamma \cong \alpha + \beta$

Também, afirmo que:

$$W_4^{\theta} = (Y_2^{\beta} \neq X_1^{\alpha})$$

Logicamente posso concluir que:

$$\theta \neq \beta + \alpha$$

Ou aproximadamente ($\cong$):

$$\theta \cong \beta + \alpha$$

18. Redução Simbólica

Muitas palavras apresentam, ao lado de sua forma plena, uma forma reduzida. Represento simbolicamente o referido conceito da seguinte forma:

$$V_1^{\alpha - \beta} = X_1^\alpha - Y_2^\beta$$

Ou sua equivalente explicativa:

$$V_1^{\alpha - \beta} = X_1^\alpha - (X_1^\alpha - V_1^{\alpha - \beta})$$

19. Representação Simbólica dos Gêneros

Costumo representar o gênero masculino (**M**) pela seguinte igualdade:

$$M = X_1^{\alpha 0}$$

Represento o gênero feminino (**F**) pela seguinte expressão:

$$F = X_1^{\alpha a}$$

20. Representação Simbólica do Número

Costumo representar o singular (**N**) que indica um ser ou um grupo de seres pela seguinte equação lógica:

$$N = X_1^{\alpha r}$$

Também, represento o plural (**p**) que indica mais de um ser ou grupo de seres por:

$$p = X_1^{\alpha s}$$

21. Grau dos Substantivos Simbólicos

O grau dos substantivos é a propriedade que essas palavras têm para exprimir as variações de tamanho dos seres.
Represento a forma normal por:

$$X_1^{\alpha}$$

Represento a forma aumentativa por:

$$X_1^{\alpha >}$$

Represento a forma diminutiva por:

$$X_1^{\alpha <}$$

Naturalmente a relação matemática existente nas três últimas expressões, vem que:

$$X_1^{\alpha} = X_1^{\alpha >} - X_1^{\alpha <}$$

22. Concordância Nominal

A)	O adjetivo (**Δ**) concorda (→) em gênero (**o, a**) e número (**r, s**) como o seu substantivo (**L**).

Simbolicamente, posso expressar o referido enunciado da seguinte maneira:

$$L_{r,s}^{o,a} \rightarrow \Delta_{r,s}^{o,a}$$

Ou seja:

a) $L^o \rightarrow \Delta^o$
b) $L^a \rightarrow \Delta^a$
c) $L^{os} \rightarrow \Delta^{os}$
d) $L^{as} \rightarrow \Delta^{as}$

B) O adjetivo (Δ) que se refere a mais de um substantivo (**L**) de gênero ou número diferente, quando posposto, poderá concordar ($\rightarrow$) no masculino plural (**o, s**) ou com o substantivo mais próximo.

Simbolicamente, o referido enunciado é expresso de forma geral por:

$$L_{1\,r1,\,s1}^{o1,\,a1} + L_{2\,r2,\,s2}^{o2,\,a2} \rightarrow \Delta^{o,\,s}$$

Ou

$$L_{1\,r1,\,s1}^{o1,\,a1} + L_{2\,r2,\,s2}^{o2,\,a2} \rightarrow \Delta_{r2,\,s2}^{o2,\,a2}$$

Ou seja:

a) $L_1^o + L_2^o \qquad \rightarrow \Delta^{o,\,s}$
b) $L_1^a + L_2^a \qquad \rightarrow \Delta^{o,\,s}$
c) $L_1^{o,\,s} + L_2^o \qquad \rightarrow \Delta^{o,\,s}$
d) $L_1^o + L_2^{o,\,s} \qquad \rightarrow \Delta^{o,\,s}$
e) $L_1^{a,\,s} + L_2^a \qquad \rightarrow \Delta^{o,\,s}$
f) $L_1^a + L_2^{a,\,s} \qquad \rightarrow \Delta^{o,\,s}$

g) $L_1^{o,\,s} + L_2^{o,\,s} \rightarrow \Delta^{o,\,s}$

h) $L_1^{a,\,s} + L_2^{a,\,s} \rightarrow \Delta^{o,\,s}$

i) $L_1^{a,\,s} + L_2^{o,\,s} \rightarrow \Delta^{o,\,s}$

j) $L_1^{o,\,s} + L_2^{a,\,s} \rightarrow \Delta^{o,\,s}$

C)   O adjetivo (Δ) que se refere a mais de um substantivo de gênero ou número diferente, quando anteposto, concorda, em geral, com o mais próximo.
    Simbolicamente, o referido enunciado é expresso por:

$$\Delta_{r1,\,s1}^{\,o1,\,12} \leftarrow L_{1\,r1,\,s1}^{\,o1,\,a1} + L_{2\,r2,\,s2}^{\,o2,\,a2}$$

D)   O predicativo (p) concorda ($\rightarrow$) em gênero (o, a) e número (r, s) com o sujeito (J).
    Simbolicamente, posso escrever que:

$$J_{r,\,s}^{\,o,\,a} \rightarrow p_{r,\,s}^{\,o,\,a}$$

E)   Quando o sujeito (J) é composto e constituído por substantivo do mesmo gênero, o predicativo (p) concordará no plural e no gênero deles.
    Simbolicamente, posso estabelecer as seguintes verdades:

a) $J_{1\,r,\,s}^{\,a} + J_{2\,r,\,s}^{\,a} \rightarrow p_s^{\,a}$

b) $J_{1\,r,\,s}^{\,o} + J_{2\,r,\,s}^{\,o} \rightarrow p_s^{\,o}$

F)   Sendo o sujeito composto e constituindo por substantivos de gêneros diversos, o predicativo concordará no masculino plural.
    Simbolicamente, o referido enunciado é expresso por:

a) $J_{1r,s}{}^{o} + J_{2r,s}{}^{a} \rightarrow p_s{}^{o}$

b) $J_{1r,s}{}^{a} + J_{2r,s}{}^{o} \rightarrow p_s{}^{o}$

23. Concordância Verbal

A)   O sujeito (**J**) sendo simples, com ele concordará o verbo (**V**) em número (**r, s**) e pessoa (**1°, 2°, 3°, 4°, 5°** e **6°**) ou (**1°/6°**).
Simbolicamente, posso escrever que:

$$J_{1°/6°}{}^{(r,s)(o,a)} \rightarrow V_{1°/6°}{}^{r,s}$$

B)   O sujeito sendo composto e anteposto ao verbo, leva geralmente este para o plural.
Simbolicamente o referido enunciado é expresso por:

$$J_{1\ 3°}{}^{(o,a),(r,s)} + J_{2\ 3°}{}^{(o,a)(r,s)} \rightarrow V_{6°}{}^{s}$$

Morfomática

A análise das palavras revela-nos a existência de vários elementos integrantes com propriedades matemáticas.

2. Radical

O radical é definido com seno o elemento gramatical básico das palavras.

3. Afixos

Os afixos são os elementos que se agregam a um radical para formar novas palavras.

a) O prefixo é a denominação de afixo, quando anteposto ao radical.

b) O sufixo é a denominação do afixo, quando proposto ao radical.

4. Formação das Palavras

Quanto à formação, as palavras podem ser primitivas ou derivadas.

a) Palavras primitivas são aquelas que não derivam de outras.

Exemplo: pedra, pobre, etc.

b) Palavras derivadas são aquelas que provêm de outras.

Exemplo: pedreira, pobrezinho, etc.

5. Palavras Simples e Compostas

Em relação ao radical, as palavras podem ser simples ou compostas.

a) Palavras simples são aquelas que apresentam apenas um radical.

Exemplo: beleza.

b) Palavras compostas são aquelas que apresentam mais de um radical.

Exemplo: automóvel.

6. Fração Morfológica

Fração morfológica é o quociente indicado da divisão de duas palavras, sob o ponto de vista algébrico.

7. Afixo Algébrico

O afixo (**A**) sob a óptica algébrica é definido como sendo igual ao quociente da palavra (**P**), inversa por seu radical (**R**).

Ou seja:

Afixo = palavra/radical

Simbolicamente, pode-se escrever que:

A = P/R

Exemplo (**1**): O afixo de "cafeteira" é o seguinte:

Afixo = cafeteira/caf

Eliminando os termos em evidência, resulta no seguinte afixo:

Afixo = ~ eteira

O símbolo (~) representa o radical, após ter sido eliminado.

Como o til (~) está anteposto ao afixo; então se tem um exemplo de sufixo.

Exemplo (**2**): O afixo de "empobrecer" é o seguinte:

Afixo = empobrecer/pob

Eliminando os termos em evidência, resulta no seguinte afixo:

Afixo = em ~ ecer

Pode-se observar que o til (~) está entre dois afixos; logo se tem um prefixo e um sufixo.

8. Fração Afixal

A fração afixal (**F**) é definida matematicamente como sendo igual à relação existente entre a palavra derivada (**P**) pela palavra primitiva (**P$_0$**).

Fração afixal = palavra derivada/palavra primitiva

Simbolicamente, pode-se escrever que:

$$F = P/P_0$$

Exemplo (**1**):

Fração afixal = pedreiro/pedra

Eliminando os termos em evidência, resulta que:

Fração afixal = ~ eiro/a

Exemplo (**2**):

Fração afixal = enterrar/terra

Eliminando os termos em evidência, resulta:

Fração afixal = en ~ r

Exemplo (**3**):

Fração afixal = pobrezinho/pobre

Eliminando os termos em evidência, vem que:

Fração afixal = ~ zinho

9. Termos Semelhantes

Dois ou mais termos de uma relação de palavras são chamados por "semelhantes" quando apresentam a mesma parte literal.
Exemplo: gat**inho**, pat**inho**, gal**inho** etc.

10. Redução

Quando em uma relação, aparecem várias palavras com termos semelhantes, pode-se reduzi-los a um só.

Exemplo (**1**):
Considere a seguinte relação de palavras: fóssil, réptil, projétil.
Aplicando a "propriedade distributiva", tem-se que:

Fóssil, réptil, projétil = (fóss, répt, projét) . il

Com relação ao referido exemplo, pode-se concluir que: *"Deve-se isolar os radicais e conservar a parte dos afixos semelhantes"*.
No exemplo referido, a parte dos afixos semelhantes é um sufixo e, portanto, ele é posposto à relação de palavras.

Exemplo (**2**):

Considere a seguinte relação de palavras: abjurar, abnegado, abdicar.

Aplicando a "propriedade distributiva", resulta que:

Ab . (jurar, negado, dicar)

Nota-se que o prefixo "ab" é anteposto à relação de palavras.

Portanto, pode-se enunciar o seguinte princípio: *"A ordem dos afixos altera o significado das palavras"*.

Semântica Matemática

A semântica classifica as palavras (**P**) quanto ao sentido (**x**), quanto à pronúncia (**y**) e quanto à escrita (**z**). Dentro deste conceito, tem-se o seguinte símbolo semântico:

$$\begin{matrix} x_1 \\ y_1 \ \mathbf{P} \\ z_1 \end{matrix}$$

2. Sinônimos

O sinônimo (**S**) implica que uma palavra (**P₁**) apresenta significado (grandeza) igual ou aproximado ($\cong$) a uma palavra (**p₂**).
Simbolicamente, pode-se escrever que:

$$S \Rightarrow P_1 \cong P_2$$

Generalizando a referida expressão, obtém-se que:

$$S \Rightarrow P_1 \cong P_2 \cong ... \cong P_n$$

Entretanto, empregando o símbolo semântico que generaliza toda a semântica, pode-se escrever que:

$$S \Rightarrow y_1 \begin{matrix} x_1 \\ P_1 \\ z_1 \end{matrix} \cong \begin{matrix} x_1 \\ oP_2 \\ o \end{matrix}$$

3. Antônimo

O antônimo (**A**) implica que uma palavra (**P₁**) apresenta significado (grandeza) oposta ($\overset{\rightarrow}{\leftarrow}$) a uma palavra (**P₂**).
Simbolicamente, pode-se escrever que:

$$A \Rightarrow P_1 \overset{\rightarrow}{\leftarrow} P_2$$

Logo, o antônimo de uma grandeza é o seu inverso.
Dentro desta nova definição, pode-se escrever que:

$$P_1 = 1/P_2$$

A referida expressão permite estabelecer relações matemáticas de operações inversas, por exemplo: O antônimo de densidade (**d**) é a rarefação (**r**). Portanto, pode-se escrever que:

$$d = 1/r$$

Entretanto, a densidade é definida matematicamente como sendo igual à relação matemática existente entre a massa pelo volume do corpo. Portanto, escreve-se que:

$$d = m/V$$

Substituindo convenientemente as duas últimas expressões, resulta que:

$$m/V = 1/r$$

Portanto, concluí-se que:

$$r = V/m$$

Assim fica definida a rarefação como sendo igual à relação matemática existente entre o volume pela massa do corpo considerado.

Após estas definições particulares, passarei a empregar o símbolo semântico para definir os antônimos.

$$S \Rightarrow y_1 P_1 \overset{x_1}{\underset{z_1}{\rightarrow}} \overset{x_1}{\underset{o}{\leftarrow}} o P_2$$

4. Homônimos

O homônimo (**H**) implica que uma palavra (**P₁**) apresenta a mesma pronúncia (**y**), porém com sentido (**x**) diferente de uma palavra (**P₂**).

Simbolicamente, pode-se escrever que:

$$S \Rightarrow y_1 P_1 \overset{x_1}{\underset{z_1}{=}} y_1 P_2 \overset{x_2}{\underset{o}{}}$$

5. Homógrafos Heterofônicos

O homógrafo heterofônico (**h**) implica que uma palavra (**P₁**) apresenta a mesma escrita (**z**) e diferença na pronuncia (**y**) de uma palavra (**p₂**).

Simbolicamente, pode-se escrever que:

$$h \Rightarrow y_1 \overset{x_1}{\underset{z_1}{P_1}} = y_2 \overset{o}{\underset{z_1}{P_2}}$$

6. Homófono Heterográfico

Os homófonos heterográficos (**Hh**) implicam que uma palavra (**P₁**) apresenta a mesma pronúncia (**y**) e diferença na escrita (**z**) de uma palavra (**P₂**).

Simbolicamente, o referido enunciado pode ser representado por:

$$Hh \Rightarrow y_1 \overset{x_1}{\underset{z_1}{P_1}} = y_1 \overset{o}{\underset{z_2}{P_2}}$$

7. Homófonos Homográficos

O homófono homográfico (**HH**) implica que uma palavra (**P₁**) apresenta a mesma escrita (**z**) e a mesma pronúncia (**y**) de uma palavra (**P₂**).

Simbolicamente, o referido enunciado é expresso por:

$$HH \Rightarrow y_1 \frac{x_1}{z_1} P_1 = y_1 \frac{o}{z_1} P_2$$

8. Parônimos

O parônimo (π) implica que uma palavra (P_1) apresenta escrita (z) e pronúncia (y) aproximada ($\cong$) de uma palavra (P_2).

Simbolicamente, o referido enunciado é expresso por:

$$\pi \Rightarrow y_1 \frac{x_1}{z_1} P_1 \cong y_1 \frac{o}{z_1} P_2$$

9. Polissemia

Na polissemia (M) uma palavra (P_1) pode apresentar diferente sentido (x).

Simbolicamente, pode-se escrever que:

$$M \Rightarrow y_1 \frac{x_1}{z_1} P_1 \cong y_1 \frac{x_2}{z_1} P_2$$

Grau Matemático do Adjetivo

O grau do adjetivo exprime a intensidade das qualidades apresentadas pelos seres.

2. Graus

O adjetivo está classificado em dois graus, a saber:

a) Comparativo
b) Superlativo

No presente estudo será analisado rapidamente apenas o grau comparativo.

3. Grau Comparativo

O adjetivo no grau comparativo é empregado para comparar uma qualidade (Q) entre dois ou mais seres. Ou ainda, entre duas ou mais qualidades de um mesmo ser. Desse modo, pode-se definir a seguinte verdade:

"O grau comparativo (**c**) de uma mesma qualidade entre dois seres é igual à razão existente entre a medida da qualidade (Q_1) de um dos seres e a media da qualidade (Q_2) do outro ser".

GRAMATEMÁTICA
Leandro Bertoldo

Simbolicamente, o referido enunciado é expresso por:

$$c = Q_1/Q_2$$

Para exemplo do grau comparativo analítico da qualidade "tamanho" há as seguintes formas:

Alto e Baixo

O grau comparativo analítico da qualidade "quantidade" apresenta as seguintes formas:

Grande e Pequeno

O grau comparativo sintético da qualidade "tamanho" apresenta as seguintes formas:

Maior e Menor

Para avaliar esse grau, basta dividir matematicamente a grandeza de um dos seres pela do outro (Q_1/Q_2).

Pode ser a razão entre dois valores de mesma grandeza, o grau comparativo não tem unidade. É expresso somente por um número puro.

4. Classificação do Grau Comparativo

Dependendo do coeficiente obtido na expressão anterior, é possível classificar o grau comparativo em:

a) Grau Comparativo de Igualdade

b) Grau Comparativo de Superioridade

c) Grau Comparativo de Inferioridade

No grau comparativo de igualdade, como as duas qualidades apresentam a mesma intensidade, a qualidade (Q_1) tem valor igual à qualidade (Q_2). Portanto ($c = 1$) na referida comparação.

$$Q_1 = Q_2 \rightarrow Q_1/Q_2 \Rightarrow c = 1$$

No grau comparativo de superioridade, a qualidade (Q_1) é maior do que a qualidade (Q_2). Portanto ($c > 1$) nessa comparação.

$$Q_1 > Q_2 \rightarrow Q_1/Q_2 \Rightarrow c > 1$$

No grau comparativo de inferioridade, a qualidade (Q_1) é menor do que a qualidade (Q_2). Portanto ($c < 1$) em tal comparação.

$$Q_1 < Q_2 \rightarrow Q_1/Q_2 \Rightarrow c < 1$$

A classificação do grau comparativo é relativa ao outro ser. Essa noção é imprecisa se não for referida em relação à qualidade de quem se compara.

O ser em relação ao qual se considera o grau comparativo é chamado referencial.

GRAMATEMÁTICA
Leandro Bertoldo

Princípio Matemático dos Antônimos

O s antônimos são palavra que exprimem significados opostos ao da outra. Também se referem às palavras de significado reciprocamente antitético.

2. Lentidão e Velocidade

A lentidão (**L**) é o inverso da velocidade (**v**). Matematicamente a referida definição é expressa pela seguinte relação:

$$1L = 1/V$$

Isto significa que quanto menor for a velocidade, maior será a lentidão do móvel. E quanto maior for a velocidade do móvel, tanto menor será sua lentidão.

3. Retardação e Aceleração

A retardação (**r**) é o inverso da aceleração (α). Portanto, a referida definição é expressa matematicamente por:

$$r = 1/\alpha$$

GRAMATEMÁTICA
Leandro Bertoldo

4. Fraqueza e Força

A fraqueza (**f**) é o inverso da força (**F**). Simbolicamente, o referido enunciado matemático é expresso por:

$$f = 1/F$$

5. Raridade e Densidade

A densidade é a grandeza física que mede a concentração de matéria num dado volume. Ela pode ser representada simbolicamente pela letra (μ). Matematicamente, a densidade é expressa pela relação existente entre a massa (**m**) do corpo por seu volume (**V**). Simbolicamente, pode-se escrever que:

$$\mu = m/V$$

A raridade é a grandeza física que avalia a distribuição de espaço ocupado por uma dada quantidade de matéria. É representada pela letra (**r**). A raridade é igual ao quociente do volume (**V**) ocupado pelo corpo, inverso pela massa (**m**) de tal corpo. Simbolicamente pode-se escrever que:

$$r = V/m$$

Logo, pela própria definição, a raridade é o inverso da densidade. Pois a densidade (μ) multiplicada pela raridade (**r**) é igual a "um". Portanto:

$$r = 1/\mu$$

6. Conclusão do Princípio

É interessante observar que a lentidão é o "antônimo" de velocidade. Que a raridade é o "antônimo" de densidade. Logo se pode inferir o seguinte princípio: *"Antônimos são palavras, cujos sentidos são relações inversas"*.

Portanto, posso apresentar a seguinte generalização: *"No antônimo, o sentido de uma palavra (x) é o inverso do sentido de uma palavra (y)"*.

Simbolicamente, o referido enunciado matemático é expresso por:

$$x = 1/y$$

7. Aplicações

a) O antônimo de "ordem" é "anarquia". Logo, matematicamente, "ordem" é o inverso de "anarquia". Portanto, em termos matemáticos, posso escrever que:

$$\text{Ordem} = 1/\text{anarquia}$$

Representando "ordem" pela letra (**D**) e "anarquia" pela letra (**A**), pode-se escrever simbolicamente:

$$D = 1/A$$

b) O antônimo do "mal" é "bem". Portanto, matematicamente, "mal" é o inverso de "bem". Assim, pode-se escrever:

Mal = 1/bem

Representando "mal" pela letra (**M**) e "bem" pela letra (**B**), pode-se escrever simbolicamente que:

M = 1/B

Do mesmo modo pode-se proceder ao mesmo raciocínio com todos os antônimos.

8. Conclusão Final

Se for possível avaliar numa escala numérica os valores do sentido de alguma palavra antônima, então, automaticamente, o seu inverso fica avaliado numericamente com a aplicação do "princípio matemático dos antônimos", expresso genericamente por:

x = 1/y

Onde (x) representa uma palavra antônima qualquer e (y) o seu inverso.

Alfabetividade

A Alfabetividade procura estudar matematicamente a relação de proporção existente entre as letras que formam as palavras.

2. Avaliação Proporcional do Alfabeto

O alfabeto português é composto de vinte e três letras, sendo cinco vogais e dezoito consoantes. Sendo (**A**) as letras do alfabeto, (**V**) as vogais e (**C**) as consoantes, de modo que:

$$A = V + C$$

Para avaliar que proporção do alfabeto apresenta a característica de vogais e consoantes, define-se as seguintes grandezas adimensionais:

a) Vogavidade (**r**):

$$r = V/A$$

b) Consoantividade (**s**):

$$s = C/A$$

Somando as duas grandezas, obtém-se que:

$$r + s = V/A + C/A = (V + C)/A = A/A$$

Logo resulta que:

$$r + s = 1$$

3. Avaliação Proporcional de uma Palavra

Considere agora uma palavra qualquer (**x**), constituída por (**n**) letras. Na língua portuguesa as palavras são constituídas por vogais (**V**) e consoantes (**C**).

Para avaliar que proporção da palavra é constituída por vogais e consoantes, tem-se as seguintes definições adimensionais:

a) Vogavidade (**r**):

$$r = V/n$$

b) Consoantividade (**s**):

$$s = C/n$$

Portanto, resulta que:

$$r + s = 1$$

Cinefonética

A Cinefonética é parte da fonética que realiza do estudo matemático da dinâmica dos fonemas. Ela estuda os sons de uma língua do ponto de vista de sua duração.

2. Fluxo Fonético

O fonema é a unidade elementar sonora da palavra. Eles entram na formação das sílabas e dos vocábulos.

A quantidade fonética (Q) é o "quantum" de fonemas que constituem as sílabas e os vocábulos.

O fonema é emitido durante certo intervalo de tempo. Isto permite definir o fluxo fonético (ϕ) como sendo igual ao quociente da quantidade fonética (Q) de uma palavra, inversa pela duração (t) da pronúncia dessa palavra.

Simbolicamente, o referido enunciado é expresso por:

$$\phi = Q/t$$

3. Fluxo Silábico

A sílaba é caracterizada por um ou mais fonemas emitidos numa só pronuncia.

Defino o fluxo silábico (**f**) como sendo igual ao quociente da quantidade de sílabas (**q**) de uma palavra, inversa pelo tempo (**t**) de duração da pronúncia da palavra.

O referido enunciado é expresso simbolicamente por:

$$f = q/t$$

4. Relação Entre Fluxo Fonético e Silábico

Numa palavra pode haver uma ou mais sílabas; e numa sílaba pode existir um ou mais fonemas; mas, a duração da pronúncia da palavra é a mesma.

Portanto, dividindo membro a membro das duas últimas expressões, resulta que:

$$\phi/f = (Q/t)/(q/t)$$

Assim, vem que:

$$\phi/f = (Q \cdot t)/(q \cdot t)$$

Eliminando os termos em evidência, resulta que:

$$\phi/f = Q/q$$

Assim, por exemplo, a palavra "Madalena" é emitida durante certo intervalo de tempo e apresenta oito fonemas e quatro sílabas.

5. Fluxo Palavreado

O fluxo palavreado (**F**) é definido como sendo igual ao quociente da quantidade de palavras (**p**) de uma frase, inversa pela duração de tempo (**t**), decorrido na pronúncia da frase.

Simbolicamente, pode-se escrever que:

$$F = p/t$$

6. Classificação Quântica dos Fonemas

Os fonemas constituem as sílabas. As sílabas, de acordo com o número de fonemas que as compõem, podem ser:

a) *Monofonema*

São as sílabas formadas por apenas um fonema.

b) *Bifonema*

São as sílabas formadas por dois fonemas.

c) *Trifonema*

São as sílabas formadas por três fonemas.

d) *Quartefonemas*

São as sílabas formadas por quatro fonemas.

e) *Pentafonema*

São as sílabas formadas por cinco fonemas.

f) *Polifonema*

São as sílabas formadas por mais de cinco fonemas.

Desse modo têm-se os monossílabos, monofonema, como por exemplo: "é".

Têm-se os monossílabos bifonema, como por exemplo: "ar".

Têm-se os monossílabos trifonema, como por exemplo: "dar"; e assim por diante.

Grafologia

A grafologia preocupa-se com o estudo da descrição matemática da grafia.

A seguir serão apresentados alguns conceitos fundamentais, como o de fluxo gráfico, intensidade gráfica e densidade gráfica.

2. Fluxo Gráfico

Por definição, denomina-se fluxo gráfico (Ω) da palavra, o quociente da quantidade (**Q**) de letras, inversa pelo intervalo de tempo (**t**) decorrido na sua escrita.

Simbolicamente, pode-se escrever a seguinte relação:

$$\Omega = Q/t$$

3. Densidade Gráfica

A densidade gráfica (μ) das palavras escritas é igual ao quociente da quantidade de letras (**Q**) que constituem estas palavras, inversa pela área (**A**) empregada na escrita das referidas palavras.

Simbolicamente, o referido enunciado é expresso por:

$$\mu = Q/A$$

4. Intensidade Gráfica

Defini-se intensidade gráfica (**i**) da escrita, como sendo igual ao quociente do fluxo gráfico (Ω), inverso pela área (**A**) de uma superfície onde ocorrer o processo de escrita.

Simbolicamente, o referido enunciado é expresso por:

$$i = \Omega/A$$

5. Relações (I)

Sabe-se que a intensidade gráfica é expressa por:

$$i = \Omega/A$$

Sabe-se também que o fluxo gráfico é expresso por:

$$\Omega = Q/t$$

Então, substituindo convenientemente as duas últimas expressões, resulta que:

$$i = Q/A \cdot t$$

6. Relações (II)

A partir da definição de intensidade gráfica:

$$i = Q/A . t$$

Pode-se escrever que:

$$Q = i . A . t$$

Sendo (**Q**) a quantidade de letras contida num elemento de área (**A**).
Sabe-se que a densidade gráfica é expressa por:

$$\mu = Q/A$$

Substituindo convenientemente as duas últimas expressões, obtém-se que:

$$\mu = i . A . t/A$$

Eliminando os termos em evidência, resulta que:

$$\mu = i . t$$

Esta expressão mostra que a densidade gráfica vale o produto da intensidade gráfica da escrita das palavras pelo tempo decorrido na escrita.